平面图形感知能力有效提升

天才数学秘籍

[日] 石川久雄 著　日本认知工学 编　卓扬 译

描点画图，
让孩子在中心对称
模块不掉队

适用于
小学全年段

山东人民出版社
国家一级出版社 全国百佳图书出版单位

图书在版编目（CIP）数据

天才数学秘籍. 描点画图，让孩子在中心对称模块不
掉队 /（日）石川久雄著 ；日本认知工学编 ；卓扬译.
-- 济南 ：山东人民出版社，2022.11
ISBN 978-7-209-14029-4

Ⅰ. ①天… Ⅱ. ①石… ②日… ③卓… Ⅲ. ①数学—少儿读物 Ⅳ. ①O1-49

中国版本图书馆CIP数据核字（2022）第174479号

山东省版权局著作权合同登记号　图字：15-2022-146

天才数学秘籍·描点画图，让孩子在中心对称模块不掉队
TIANCAI SHUXUE MIJI MIAODIAN HUATU, RANG HAIZI ZAI ZHONGXIN DUICHEN MOKUAI BUDIAODUI

[日] 石川久雄 著　　日本认知工学 编　　卓扬 译

主管单位　山东出版传媒股份有限公司
出版发行　山东人民出版社
出 版 人　胡长青
社　　址　济南市市中区舜耕路517号
邮　　编　250003
电　　话　总编室 (0531) 82098914
　　　　　　市场部 (0531) 82098027
网　　址　http://www.sd-book.com.cn
印　　装　固安兰星球彩色印刷有限公司
经　　销　新华书店
规　　格　24开（182mm×210mm）
印　　张　4.5
字　　数　20千字
版　　次　2022年11月第1版
印　　次　2022年11月第1次
ISBN　978-7-209-14029-4
定　　价　380.00元（全10册）
　　　　　　如有印装质量问题，请与出版社总编室联系调换。

目　录

致本书读者

在《天才数学秘籍》系列丛书中，已先后出版《描点法，让孩子赢在图形认知的起跑线上》《描点法，让孩子赢在图形认知的起跑线上（神童级）》《趣味描点、化繁为简，简单有效解决轴对称问题》等 3 册"描点法"系列书籍。在此期间，我们也欣喜地收到了这样的反馈："曾经让人困扰的图形问题，现在也变得得心应手了！"

感谢读者对本系列图书的信任和支持，最近，我们也时常收到这样的咨询："平面图形出版了轴对称篇，那么有没有后续的中心对称篇呀？"时隔六年半，本系列的新作《描点画图，让孩子在中心对称模块不掉队》终于要与大家见面了。

如大家所知，本书是《趣味描点、化繁为简，简单有效解决轴对称问题》的续作。因此，请大家在理解轴对称的意义之后，再进行本书的学习。

■ "描点法"有什么效果？

描点法画图就是在格点页面上连接一个个点，模仿示范图的样子画出同样的图形。

在画图中连接点与点，是一种控笔运笔的练习。记忆图形的位置和形状，还能训练孩子的短期记忆能力。

同时，临摹复杂图形的练习，有益于减少做题中的低级计算错误和抄写错误。

■ "中心对称"模块能有效提升图形基础能力

图形的变换方式有"①平移""②轴对称""③旋转"。

在通常的描点法练习中，模仿示范图按照某个直线方向做临摹的话，可以培养图形"平移"的感知。而对于轴对称图形或轴对称关系，则可以培养图形"轴对称"的感知。

学生在思考"中心对称"的问题时，脑中的图形将会转动起来。也就是说，这不仅是对平面图形的练习，也是对孩子立体图形想象力的锻炼。

通过对图形变换的思考，有助于我们应对中心对称问题的挑战。从细节部分入手，一步一步画出正确的图形吧。

■需要正确找到中心对称后的位置

对于描点法画图，"正确"是最重要的事。此外，在中心对称问题中，也需要我们通过格点页面上的一个个点，正确找到中心对称后的位置。

在达成正确的目标之后，我们再向下一个目标——"正确快速"前进。

值得注意的是，在"天才篇"部分会涉及一些"思维拓展"这一难度的内容。如果是五年级以下的学生，可以不掌握这部分内容，学着临摹一下图形就可以了。

这是学霸级的问题了吧？家长们可别这么想。如果找不出思路的话，可以把有问题的那一页复印一下，然后旋转180度，就得到要画的图形了。以实物来确认图形问题，最能给学生直观的感受。

本书使用指南

1 请根据题目提供的线索，正确绘制出中心对称图形或中心对称关系的图形。描点画图的基础是连接点和点。请多多练习，尽量达到不使用尺子也能画出直线的水平。

2 如何判断正确与错误：
① 线条端点是否与格点重合；
② 图形顶点的位置是否正确。
如果以上两点皆为正确，即使在画图过程中线条有略微弯曲，解答也为正确。因为要求过于严格，反而会打击孩子的学习热情。此外，假设图形临摹正确，但上下左右位置出现偏移，那么对解答的判断为错误。

3 解题请让孩子本人来，家长不要越俎代庖，更不要"告知答案"。如果实在没有思路的话，可以把有问题的那一页复印一下，然后旋转 180 度，就得到要画的图形了。以实物来确认图形问题，最能给孩子直观的感受。

4 学习是一件循序渐进的事情，请不要一口气做完许多题目，一天的练习量最好不要超过 5 页。本书可以用在数学学习的前期以及数学作业的中期，作为一道"甜品"来食用。

5 请家长在第一时间判断解答是否正确，并给孩子及时进行反馈和改正，这有助于保持他们的学习动力。

中心对称是什么

　　将某个图形以某点为中心，进行 180 度旋转，可以与原来图形完全重合的话，它就是"中心对称图形"。

　　将某个图形以某点为中心，进行 180 度旋转，可以与另一个图形完全重合的话，这两个图形关于这个点"成中心对称"。

　　这个点叫做"对称中心"。

　　图形 A 是中心对称图形。

　　"·"是它的对称中心。

　　图形 B 和图形 C，图形 D 和图形 E，分别都是中心对称关系。

　　同时，点 O 是各组图形的对称中心。

　　没问题的话，我们就进入"例题"演练吧。

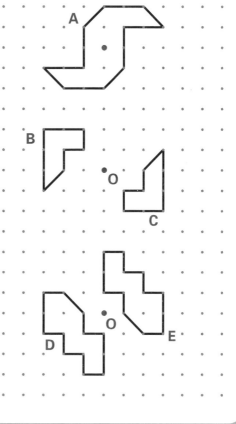

例题

请进行补充绘制，使之形成中心对称图形或中心对称关系。

以红点为中心，试着旋转180度看看吧！

● 点与点之间要好好连接，确认线条各端点与格点重合。
● 不使用尺子，画出直线吧。

解答栏

点 A 在对称中心 O 上移 5 格、左移 7 格的位置。

点 A 关于对称中心 O 的对称点 A′，在点 O 下移 5 格、右移 7 格的位置。

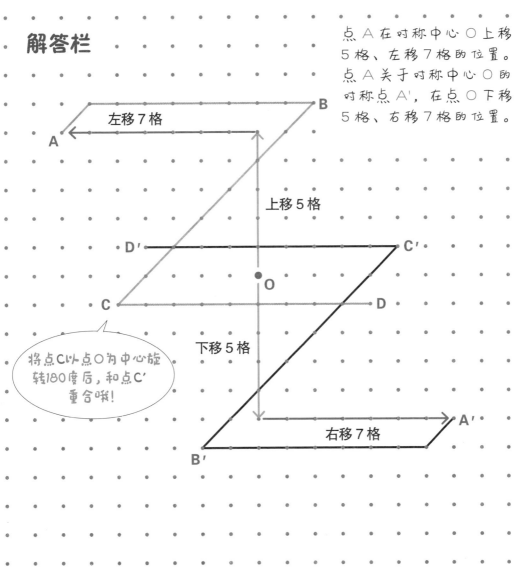

左移 7 格

上移 5 格

下移 5 格

右移 7 格

将点 C 以点 O 为中心旋转 180 度后，和点 C′ 重合哦！

初级

1

请进行补充绘制，使之形成中心对称图形或中心对称关系。

→答案在第 84 页

请进行补充绘制，使之形成中心对称图形或中心对称关系。

→答案在第 84 页

你画对了吗？

初级
3

请进行补充绘制，使之形成中心对称图形或中心对称关系。

→答案在第 84 页

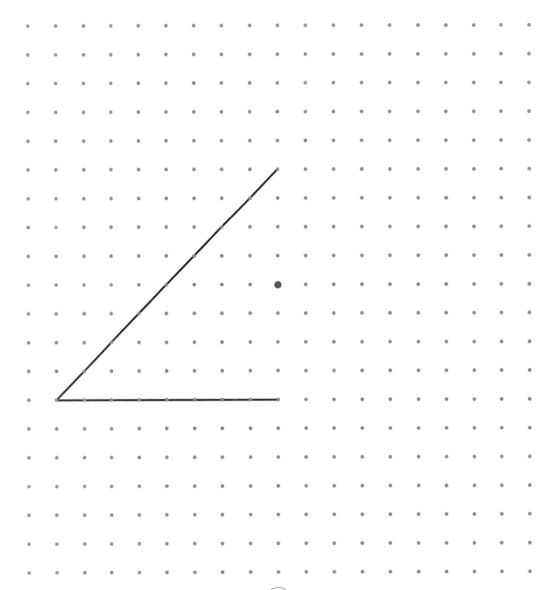

初级 4

请进行补充绘制，使之形成中心对称图形或中心对称关系。

→答案在第 84 页

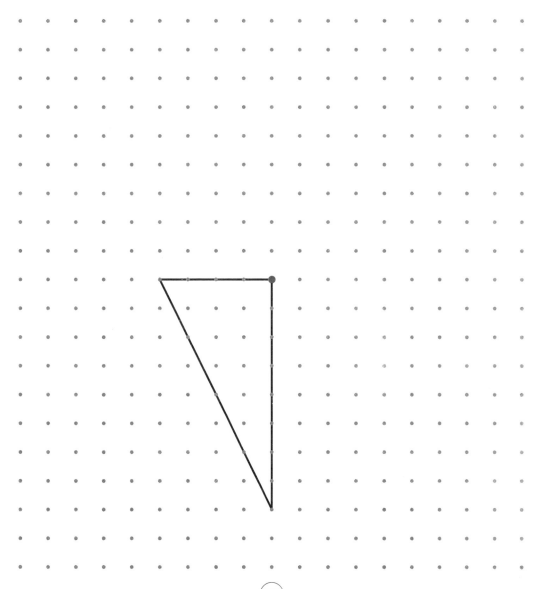

 初级 5

请进行补充绘制，使之形成中心对称图形或中心对称关系。

→答案在第 85 页

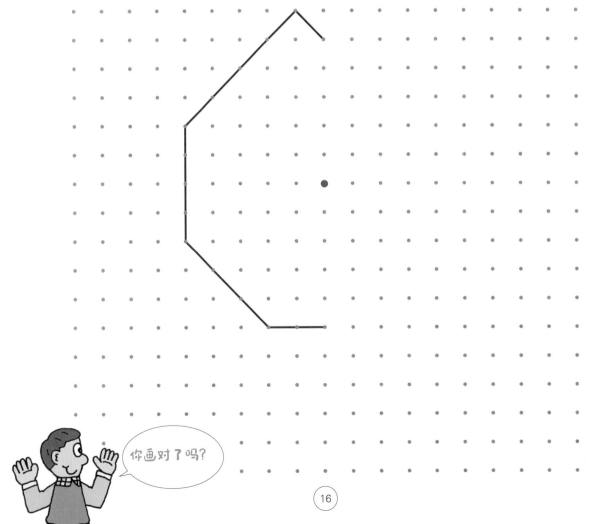

你画对了吗？

初级
6

请进行补充绘制，使之形成中心对称图形或中心对称关系。

→答案在第85页

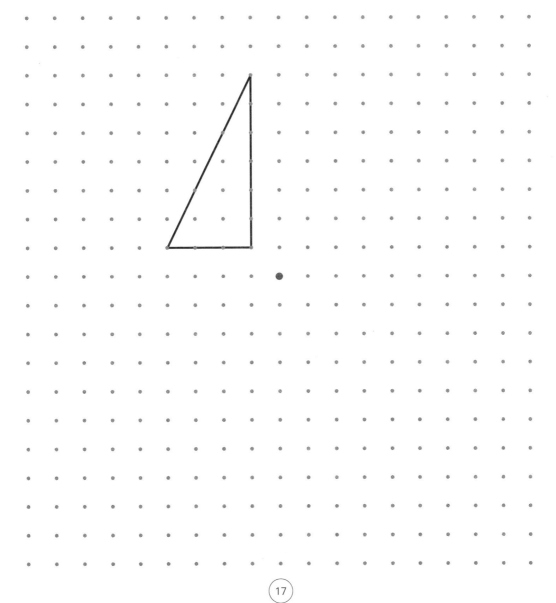

初级
7

请进行补充绘制，使之形成中心对称图形或中心对称关系。

→答案在第 85 页

请进行补充绘制，使之形成中心对称图形或中心对称关系。

→答案在第 85 页

请进行补充绘制，使之形成中心对称图形或中心对称关系。

→答案在第 86 页

初级 **10**

请进行补充绘制，使之形成中心对称图形或中心对称关系。

→答案在第 86 页

先找出顶点的对称点吧!

初级
11

请进行补充绘制，使之形成中心对称图形或中心对称关系。

→答案在第87页

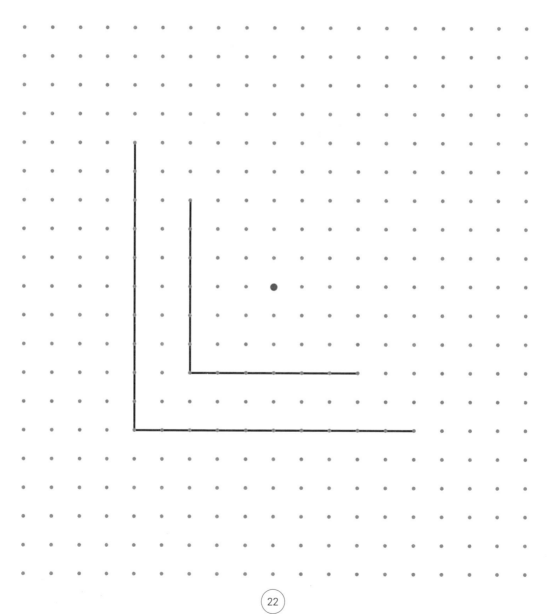

初级
12

请进行补充绘制，使之形成中心对称图形或中心对称关系。

→答案在第87页

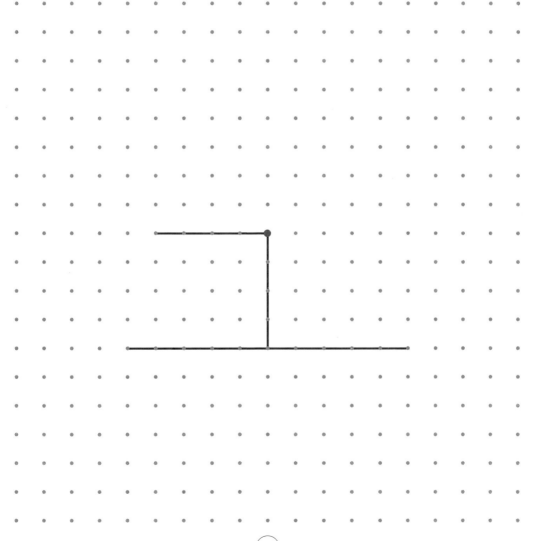

请进行补充绘制，使之形成中心对称图形或中心对称关系。

→答案在第 88 页

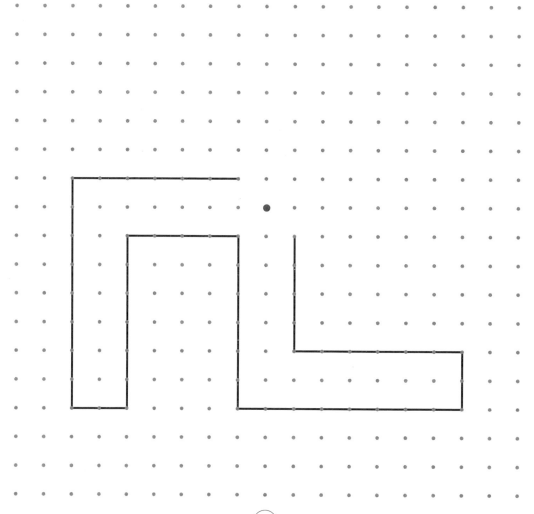

请进行补充绘制，使之形成中心对称图形或中心对称关系。

→答案在第 88 页

请进行补充绘制，使之形成中心对称图形或中心对称关系。

→答案在第 89 页

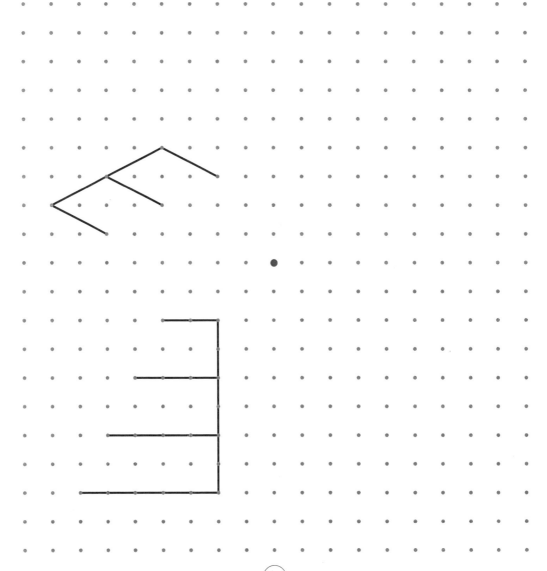

请进行补充绘制，使之形成中心对称图形或中心对称关系。

→答案在第 89 页

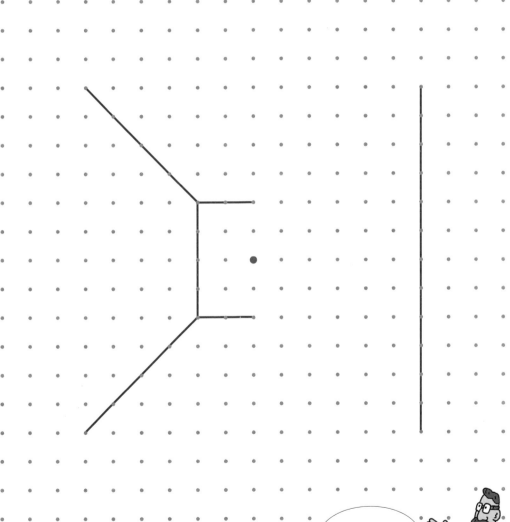

你画对了吗？

初级
17

请进行补充绘制，使之形成中心对称图形或中心对称关系。

→答案在第 90 页

请进行补充绘制，使之形成中心对称图形或中心对称关系。

→答案在第 90 页

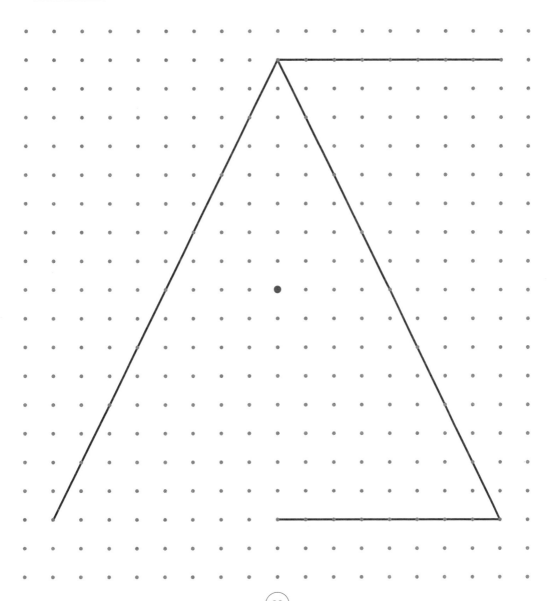

请进行补充绘制，使之形成中心对称图形或中心对称关系。

→答案在第 91 页

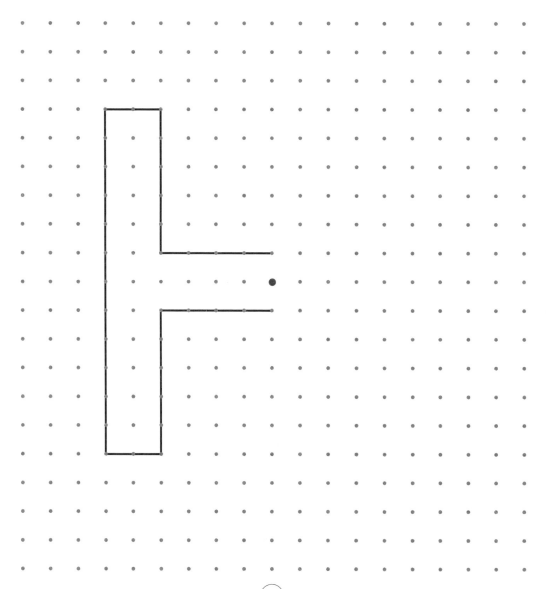

请进行补充绘制，使之形成中心对称图形或中心对称关系。

→答案在第 91 页

请进行补充绘制，使之形成中心对称图形或中心对称关系。

→答案在第 92 页

初级
22

请进行补充绘制，使之形成中心对称图形或中心对称关系。

→答案在第 92 页

请进行补充绘制，使之形成中心对称图形或中心对称关系。

→答案在第 93 页

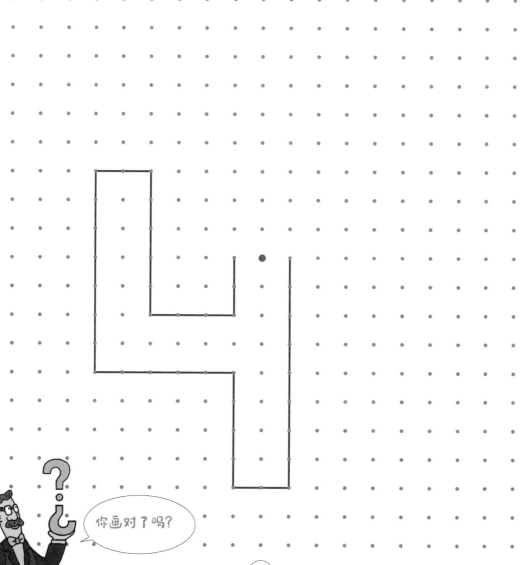

你画对了吗？

请进行补充绘制，使之形成中心对称图形或中心对称关系。

→答案在第 93 页

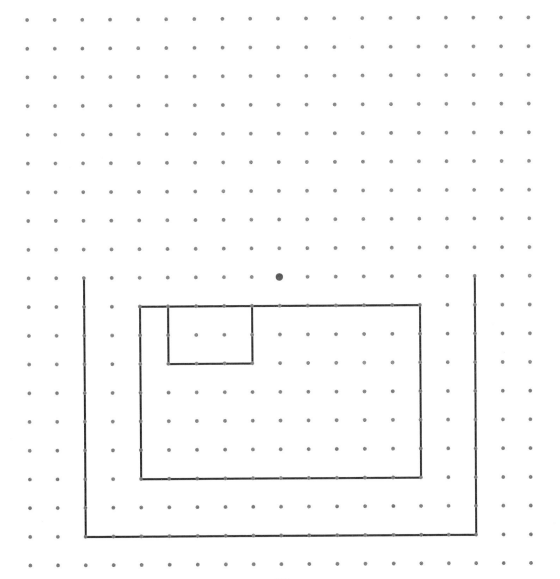

中级篇

诀窍是先找到各顶点关于对称中心的对称点。

请进行补充绘制，使之形成中心对称图形或中心对称关系。

→答案在第 94 页

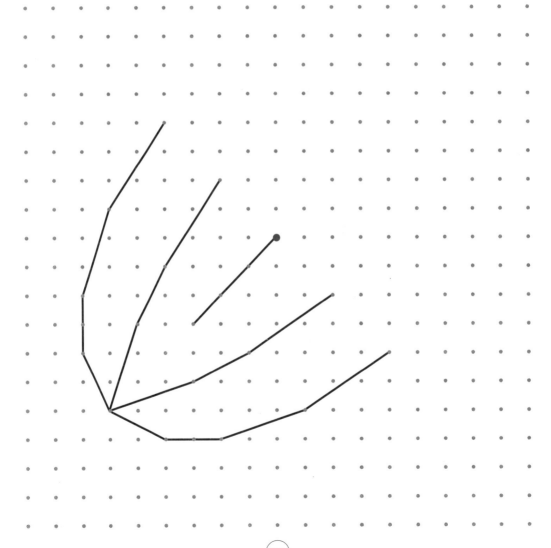

请进行补充绘制，使之形成中心对称图形或中心对称关系。

→答案在第 94 页

你画对了吗?

请进行补充绘制，使之形成中心对称图形或中心对称关系。

→答案在第 95 页

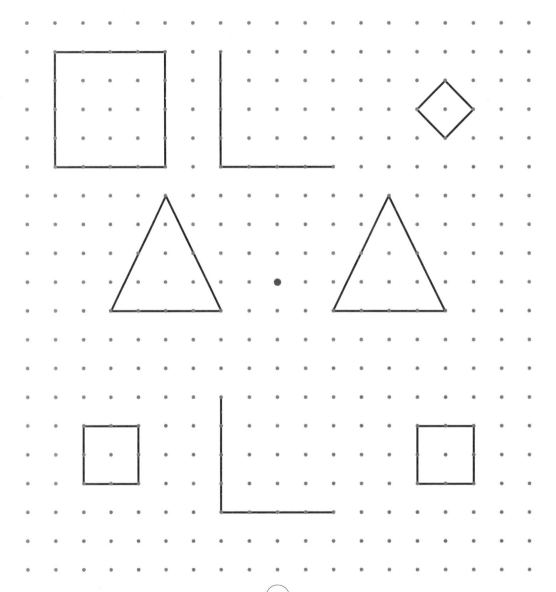

请进行补充绘制，使之形成中心对称图形或中心对称关系。

→答案在第 95 页

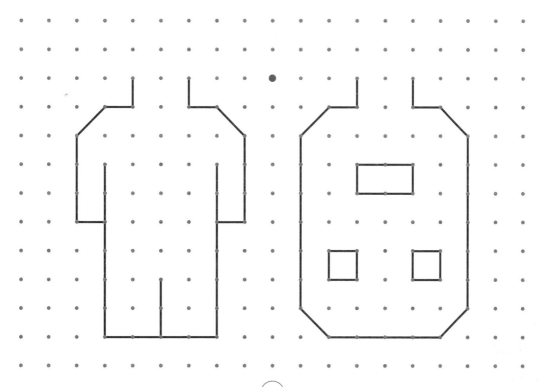

请进行补充绘制，使之形成中心对称图形或中心对称关系。

→答案在第 96 页

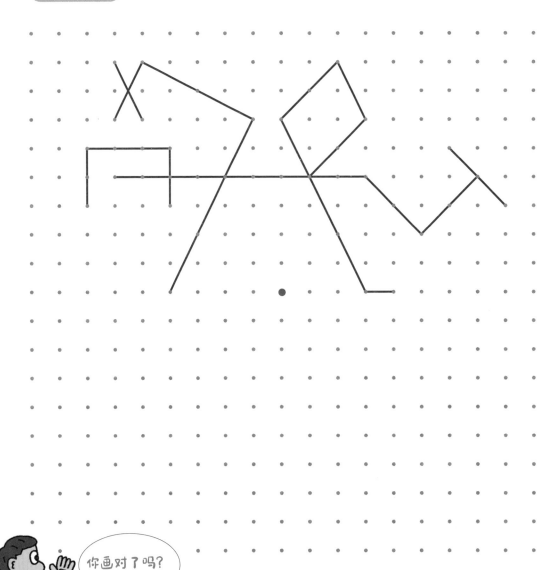

你画对了吗？

请进行补充绘制，使之形成中心对称图形或中心对称关系。

→答案在第 96 页

请进行补充绘制，使之形成中心对称图形或中心对称关系。

→答案在第 97 页

请进行补充绘制，使之形成中心对称图形或中心对称关系。

→答案在第 97 页

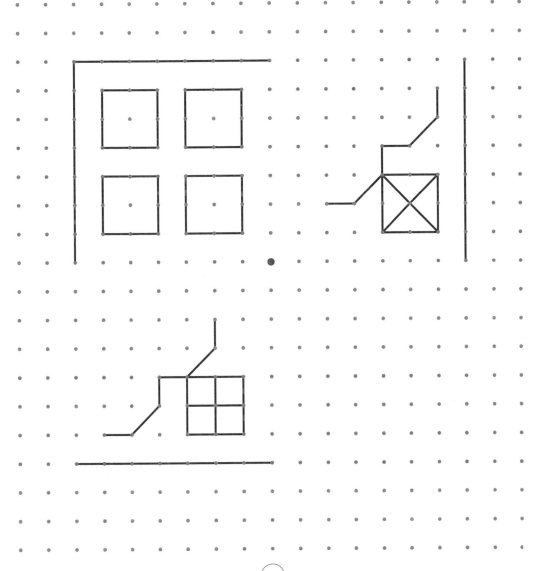

请进行补充绘制，使之形成中心对称图形或中心对称关系。

→答案在第 98 页

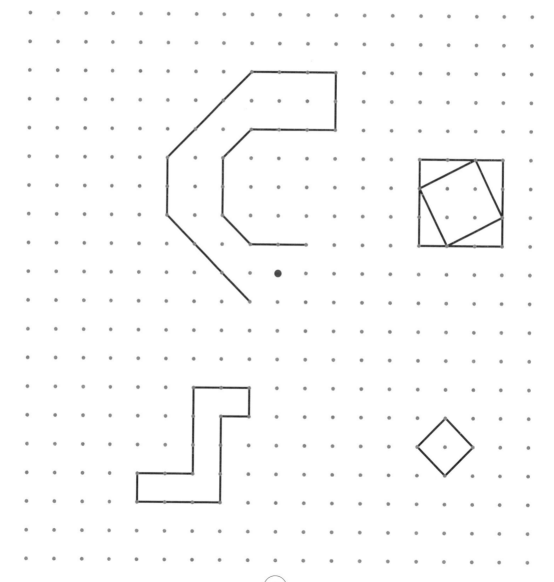

请进行补充绘制，使之形成中心对称图形或中心对称关系。

→答案在第 98 页

请进行补充绘制，使之形成中心对称图形或中心对称关系。

→答案在第 99 页

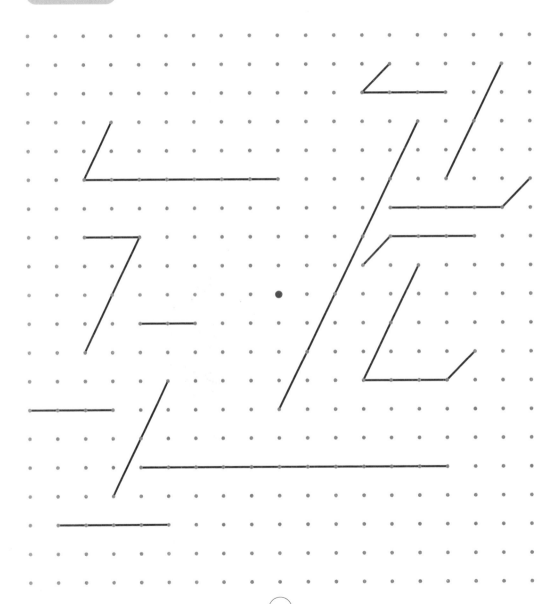

请进行补充绘制，使之形成中心对称图形或中心对称关系。

→答案在第 99 页

你画对了吗?

请进行补充绘制，使之形成中心对称图形或中心对称关系。

→答案在第100页

请进行补充绘制，使之形成中心对称图形或中心对称关系。

→答案在第 100 页

请进行补充绘制，使之形成中心对称图形或中心对称关系。

→答案在第 101 页

请进行补充绘制，使之形成中心对称图形或中心对称关系。

→答案在第 101 页

请进行补充绘制，使之形成中心对称图形或中心对称关系。

→答案在第 102 页

请进行补充绘制，使之形成中心对称图形或中心对称关系。

→答案在第 102 页

你画对了吗？

请进行补充绘制，使之形成中心对称图形或中心对称关系。

→答案在第 103 页

请进行补充绘制，使之形成中心对称图形或中心对称关系。

→答案在第 103 页

示例

如下图所示，将 4 个正方形进行自由组合，可以组成中心对称图形。

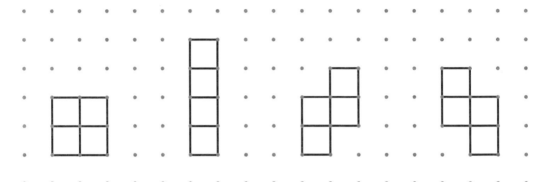

问题 若使用 5 个正方形进行自由组合，可以组成多少种中心对称图形？请一一画出。

→答案在第 104 页

解答栏

答案是4种哟!

天才 2

如下图所示，宽 3cm、长 4cm 的长方形，可以由若干个宽 1cm、长 2cm 的小长方形组成。其中，是中心对称图形而非轴对称图形的情况，有以下 2 种。

设格点之间的距离为 1cm。

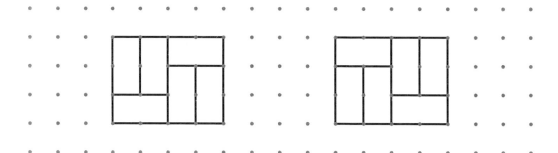

使用若干个宽 1cm、长 2cm 的小长方形组成宽 4cm、长 6cm 的长方形。可以组成多少种中心对称图形而非轴对称的图形？请一一画出。

→答案在第 104 页

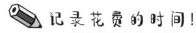
解答栏

天才 3

如下图所示，将 4 个正方形进行自由组合，可以组成中心对称图形。若使用 6 个正方形进行自由组合，可以组成多少种中心对称图形？请一一画出。

→答案在第 105 页

你能发现多少种呢？

月　　日　　分　　秒

10分钟内完成 合格　　5分钟内完成 天才

解答栏

天才 4

如下图所示，在格点页上画出 A-Z 的英文字母。请将它们按①－④的类型分类。

①轴对称图形而非中心对称图形。

②中心对称图形而非轴对称图形。

③既是轴对称图形也是中心对称图形。

④既不是轴对称图形也不是中心对称图形。

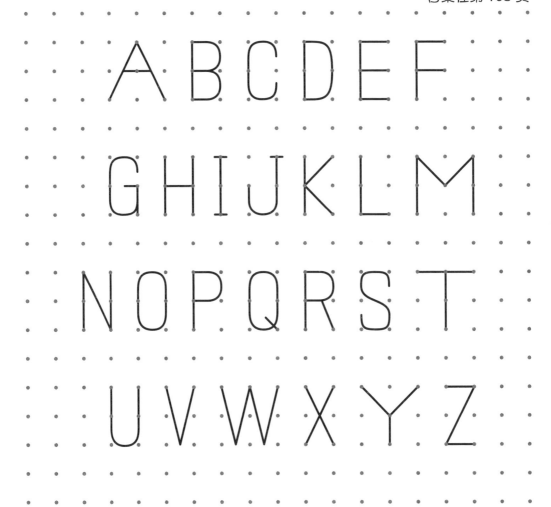

→答案在第 105 页

解答栏

如下图所示，图1的图形，以点O为中心旋转180度，可以得到图2的图形。

这时，两个图形重合的部分就是涂色部分。设格点之间的距离为1cm，涂色部分的面积为2cm²。

将图3的图形，以点O为中心旋转180度，可以得到另一个图形。求两个图形重合部分的面积。

→答案在第106页

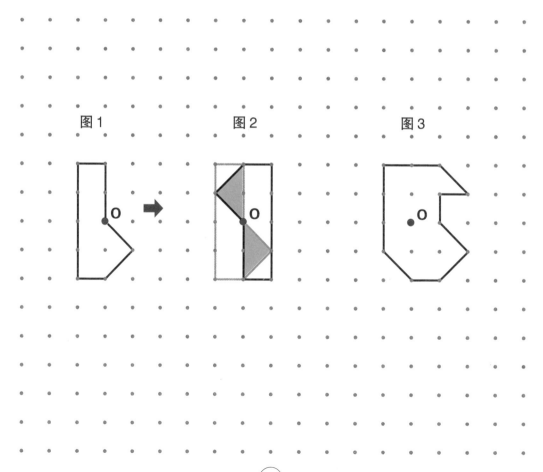

图1　　　　　图2　　　　　图3

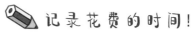
记录花费的时间!

月　　日　　分　　秒

3分钟内完成 合格　2分钟内完成 天才

解答栏

先画图再计算吧!

71

使用若干个如图 1 的等腰直角三角形，组成是中心对称但不是轴对称的图形。

如下图所示，将 2 个等腰直角三角形进行自由组合，可以组成图 2 的两种中心对称图形。

若使用 4 个等腰直角三角形进行自由组合，可以组成多少种是中心对称但不是轴对称的图形？请一一画出。

→答案在第 106 页

图 1

图 2

解答栏

天才
7

如下图所示，图 1 的图形，以点 O 为中心旋转 180 度，可以得到图 2 的图形。

这时，两个图形重合的部分就是涂色部分。设格点之间的距离为 1cm，涂色部分的面积为 3cm²。

将图 3 的图形，以某点为中心旋转 180 度，可以得到另一个图形。当该重合部分的面积最大的时候，求两个图形重合部分的面积。

→答案在第 107 页

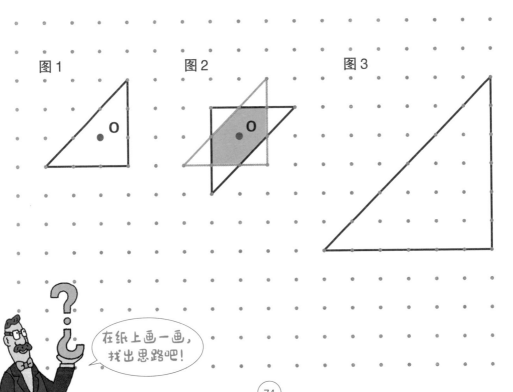

图 1　　　　图 2　　　　图 3

在纸上画一画，找出思路吧！

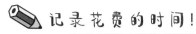
解答栏

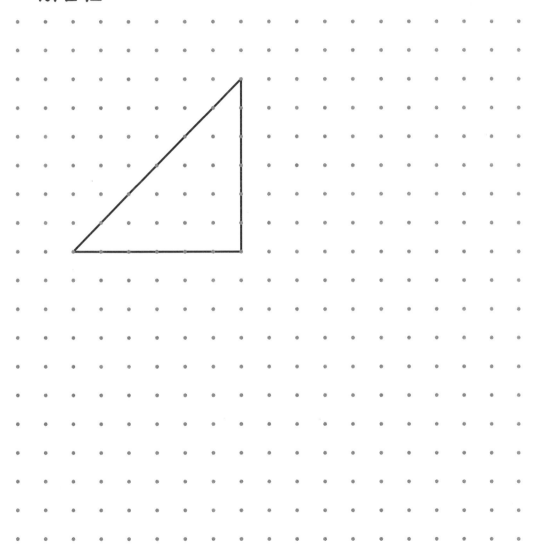

设正方形的边长为 1cm，等腰直角三角形的直角边为 1cm。如下图所示，将 2 个正方形和 2 个等腰直角三角形进行自由组合，可以组成 10 种中心对称图形。若使用 3 个正方形和 2 个等腰直角三角形进行自由组合，可以组成多少种中心对称图形？请一一画出。

→答案在第 107 页

示例

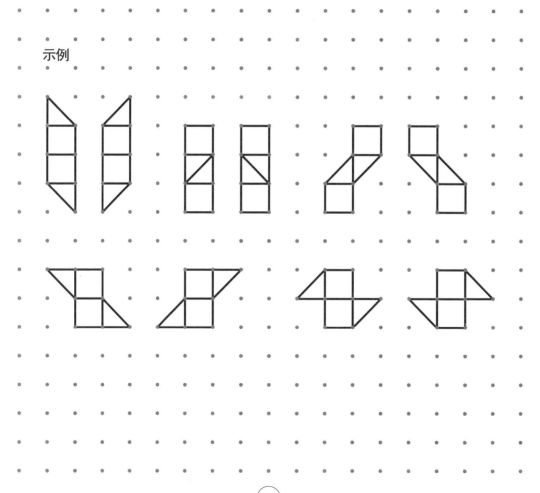

解答栏

天才
9

使用若干个小正方形组成一个大正方形。其中，涂色小正方形的数量为 4 个。

以大正方形的对角线的交点为中心，要求大正方形是中心对称图形而非轴对称图形。

现在，使用 9 个小正方形组成例 1 ～ 例 3 的大正方形。将例 2 图形旋转可以得到例 1 图形，将例 3 图形翻转过来可以得到例 1 图形。因此，规定例 1 ～ 例 3 属于同一种图形。

接下来，使用 16 个小正方形进行自由组合，除了例 4 的图形，请再画出 4 种图形。

→答案在第 108 页

例 1　　　　　例 2　　　　　例 3　　　　　例 4

解答栏

你画对了吗？

如下图所示，图 1 的大正方形 ABCD 由 16 个小正方形组成。

在例 1、例 2 的图形中，各有 8 个涂色的小正方形。

在例 1 的图形中，可知大正方形是以 PQ 为对称轴的轴对称图形而非中心对称图形。在例 2 的图形中，可知大正方形是以点 R 为对称中心的中心对称图形而非轴对称图形。

那么，请在大正方形 ABCD 中画出所有以 PQ 为对称轴、以 R 为对称中心的图形。

→答案在第 108 页

图 1

例 1   例 2

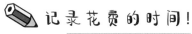
解答栏

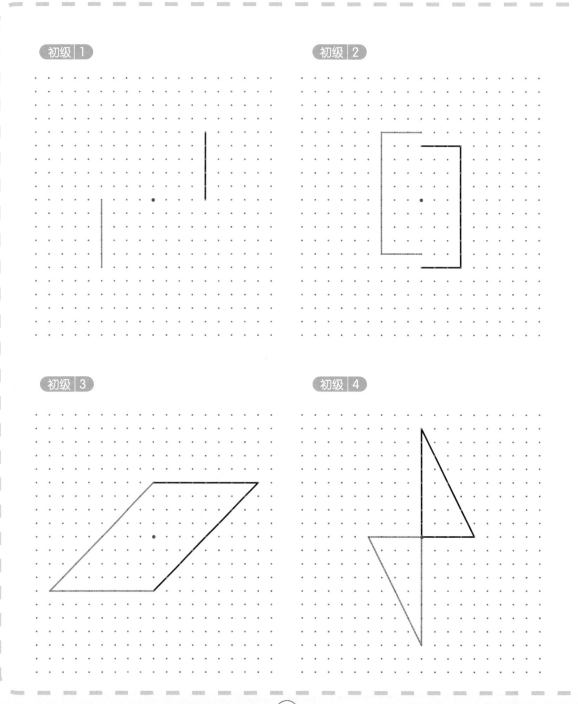

初级 1

初级 2

初级 3

初级 4

初级 5

初级 6

初级 7

初级 8

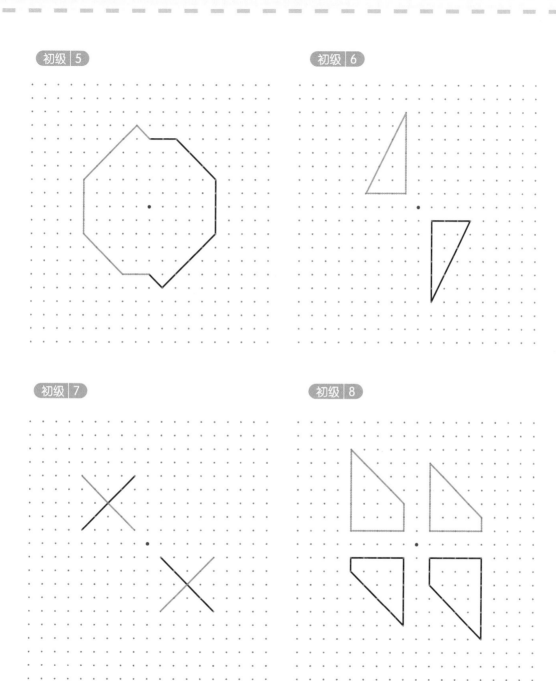

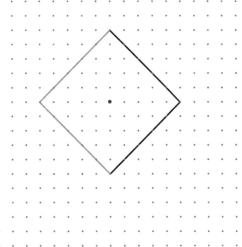

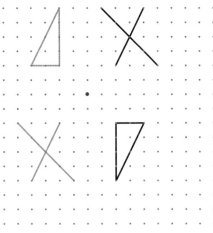

初级 11

初级 12

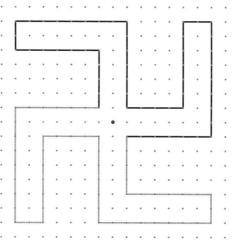

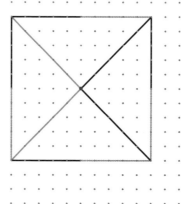

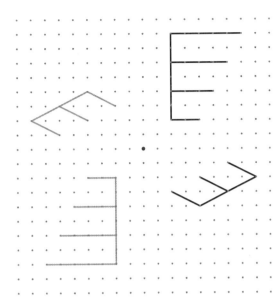

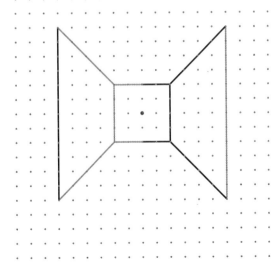

初级 17

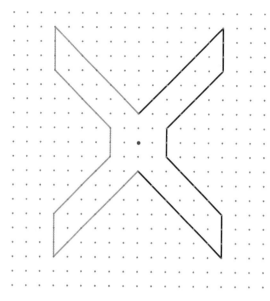

初级 18

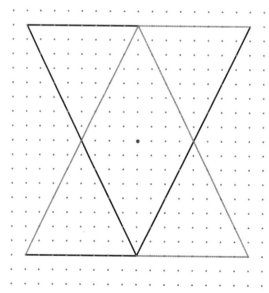

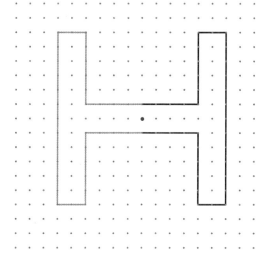

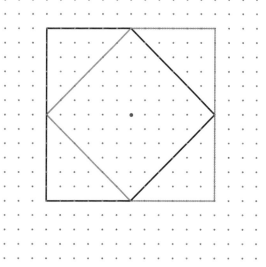

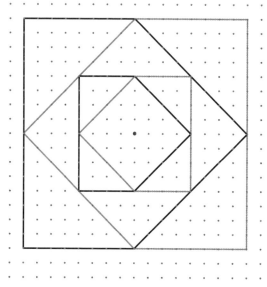

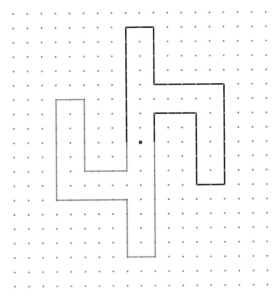

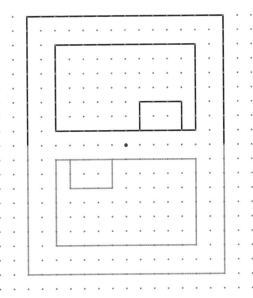

中级 1

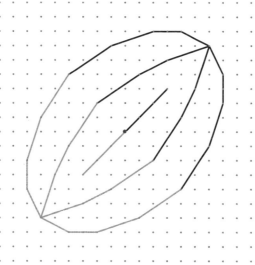

中级 2

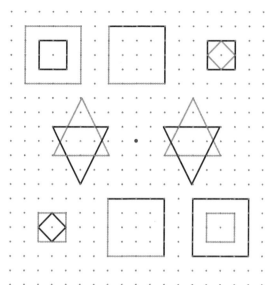

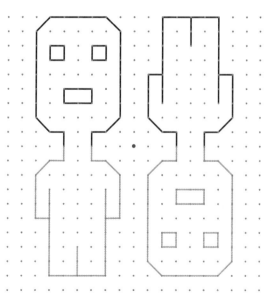

中级 | 5

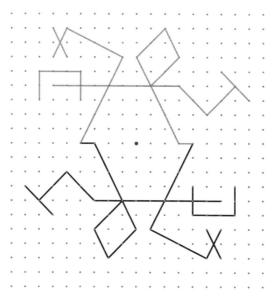

中级 | 6

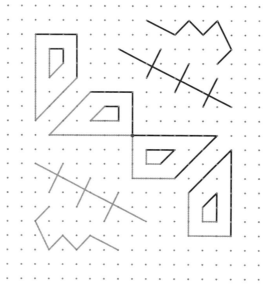

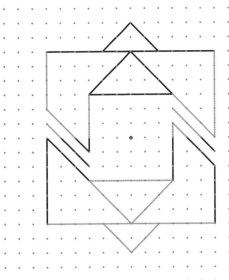

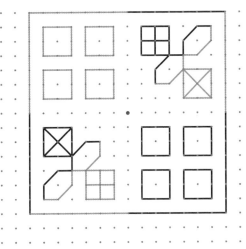

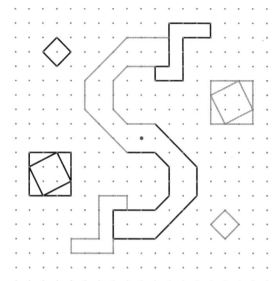

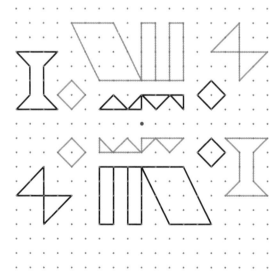

高级 1

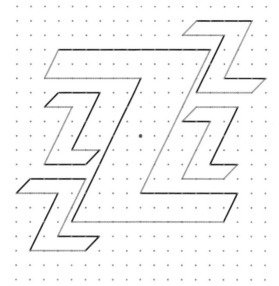

高级 2

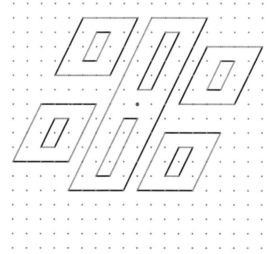

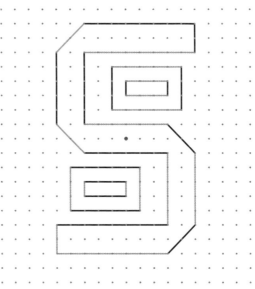

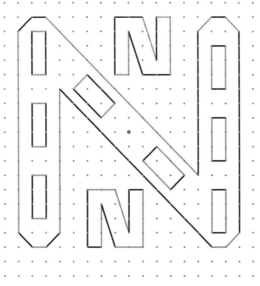

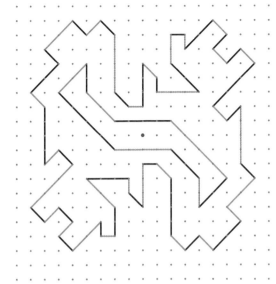

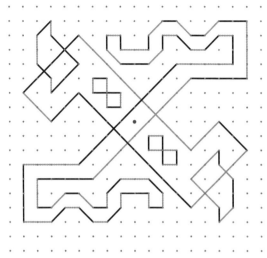

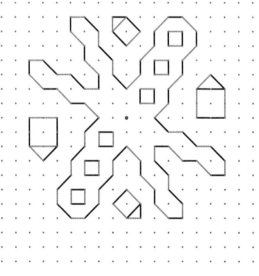

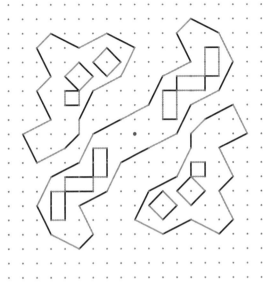

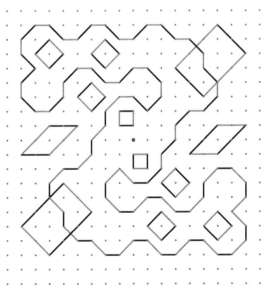

天才 1

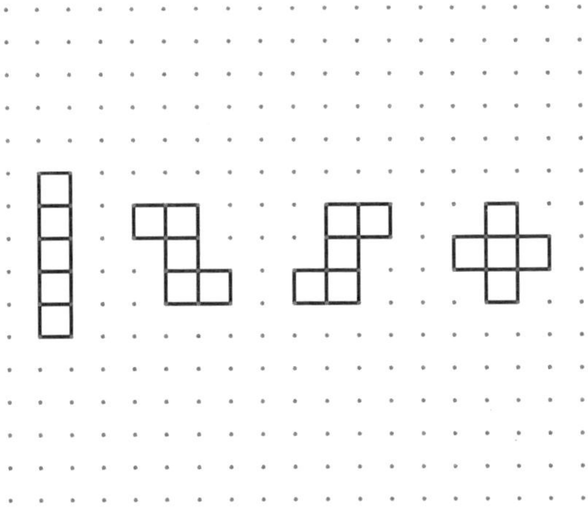

天才 2

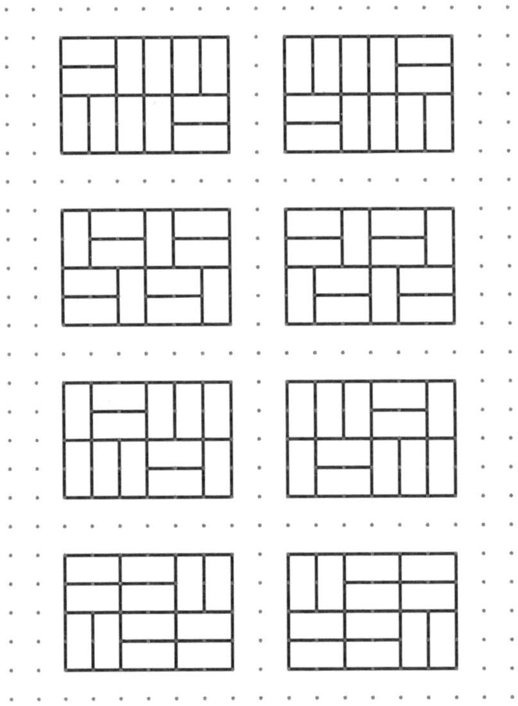

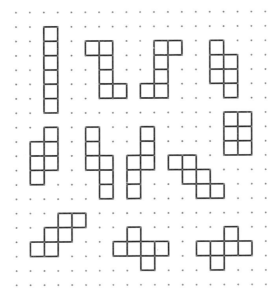

① A B C D E K
  M T U V W Y

② N S Z

③ H I O X

④ F G J L P Q R

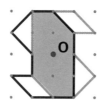

从宽为 2cm、长为 4cm 的长方形中，去掉 2 个直角边为 1cm 的等腰直角三角形。即

$$2 \times 4 - 1 \times 1 \div 2 \times 2 = 7 (cm^2)$$

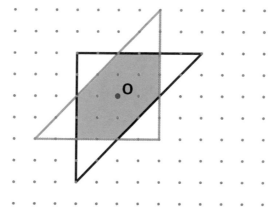

从边长为 6cm 的正方形的一半中，去掉 3
个直角边为 2cm 的等腰直角三角形。即，

$$6 \times 6 \div 2 = 18 \ (cm^2)$$
$$2 \times 2 \div 2 = 2 \ (cm^2)$$
$$18 - 2 \times 3 = 12 \ (cm^2)$$

天才 8

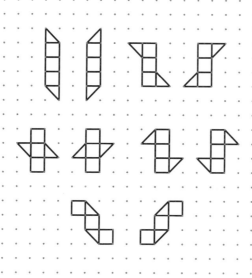

例 4

※ 旋转、翻转后能重合的图形视
为同一种图形，在此省略。

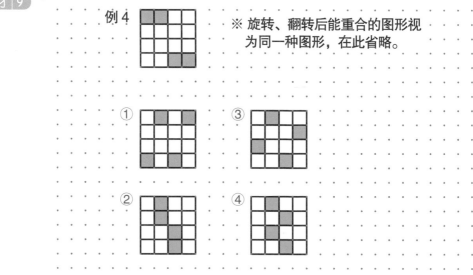

① ③

② ④

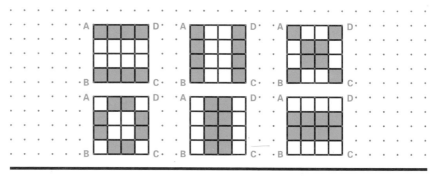

思路

从 a，b，c，d 中选择一个为涂色部分时，就可以同时确
定另外 3 个涂色的部分。（示例：如选择 a 为涂色部分，
那么可知 e，f，g 也为涂色部分）

本题中一共有 8 个涂色的小正方形，因此，只需从 a，b，
c，d 中选择 2 个就可以了。则一共有（a，b）（a，c）（a，
d）（b，c）（b，d）（c，d）6 种组合。